LE

RÈGNE VÉGÉTAL

ATLAS ICONOGRAPHIQUES

Paris. — Imprimerie de P.-A. Bourdier et Cie, rue Mazarine, 30.

LE
RÈGNE VÉGÉTAL

DIVISÉ EN

TRAITÉ DE BOTANIQUE GÉNÉRALE, FLORE MÉDICALE ET USUELLE

HORTICULTURE BOTANIQUE ET PRATIQUE

(PLANTES POTAGÈRES, ARBRES FRUITIERS, VÉGÉTAUX D'ORNEMENT)

PLANTES AGRICOLES ET FORESTIÈRES

HISTOIRE BIOGRAPHIQUE ET BIBLIOGRAPHIQUE DE LA BOTANIQUE

PAR MM.

A. DUPUIS
professeur d'histoire naturelle,
ancien professeur de botanique et de sylviculture
à l'Institut agronomique de Grignon,
membre de plusieurs Académies
et Sociétés savantes, etc.

O. REVEIL
docteur en médecine,
pharmacien en chef des hôpitaux,
professeur agrégé à la Faculté de médecine de Paris
et à l'École supérieure de pharmacie,
membre de plusieurs Sociétés savantes, etc.

FR. GÉRARD
botaniste-micrographe,
membre de plusieurs Sociétés savantes, l'un des
collaborateurs du Dictionnaire
d'histoire naturelle.

F. HÉRINCQ
botaniste attaché au Muséum d'histoire naturelle
rédacteur en chef de l'Horticulteur français,
membre de plusieurs Sociétés
savantes, etc.

ET D'APRÈS LES TRAVAUX DES PLUS ÉMINENTS BOTANISTES FRANÇAIS ET ÉTRANGERS

Formant (avec l'Histoire de la Botanique)

Dix-sept beaux volumes

dont neuf volumes grand in-8e jésus de textes

ET HUIT ATLAS PETIT IN-QUARTO DE PLANCHES GRAVÉES

Les Atlas renfermant, avec des textes descriptifs en regard

PLUS DE 3000 DESSINS DE PLANTES OU DE DÉTAILS BOTANIQUES

FINEMENT COLORIÉS

PARIS

LIBRAIRIE DES SCIENCES NATURELLES

ET DES ARTS ILLUSTRÉS

Théodore MORGAND, libraire-éditeur

RUE BONAPARTE, 5

FLORE MÉDICALE

USUELLE ET INDUSTRIELLE

DU XIXe SIÈCLE

ATLAS ICONOGRAPHIQUE DU TOME PREMIER

Paris. — Imp. P.-A. BOURDIER et Cie, rue Mazarine, 30.

FLORE

MÉDICALE

USUELLE ET INDUSTRIELLE

DU XIXᵉ SIÈCLE

PAR MM.

A. DUPUIS

professeur d'histoire naturelle,
ancien professeur de botanique et de sylviculture
à l'Institut agronomique de Grignon,
membre de plusieurs Académies
et Sociétés savantes, etc.

(Pour la description, l'habitat et la culture
des plantes)

O. REVEIL

docteur en médecine,
pharmacien en chef des hôpitaux,
professeur agrégé à la Faculté de médecine de Paris
et à l'École supérieure de pharmacie,
membre de plusieurs Sociétés savantes, etc.

(Pour la partie chimique, la matière médicale
et la thérapeutique)

DONNANT

LA DESCRIPTION, LA CULTURE, LA COMPOSITION CHIMIQUE

LES PROPRIÉTÉS CURATIVES OU DANGEREUSES, LES USAGES ÉCONOMIQUES

ET INDUSTRIELS DES PLANTES

ATLAS ICONOGRAPHIQUE DU TOME PREMIER

PARIS

LIBRAIRIE DES SCIENCES NATURELLES
ET DES ARTS ILLUSTRÉS
Théodore MORGAND, libraire-éditeur
RUE BONAPARTE, 5

ABELMOSCH

Hibiscus abelmoschus (Linné) *Abelm. moschatus* (Médicus)

(MALVACÉES – HIBISCÉES.)

Le végétal entier, en fleurs ; $\frac{1}{18}$ de grandeur naturelle.

1. — Fruit, réduit au $\frac{1}{2}$ de grandeur naturelle. — L'une des valves
   est représentée entr'ouverte, pour montrer le mode d'inser-
   tion des graines.

2. — Graines isolées, au double de la grandeur naturelle.

(Voir page 1re.)

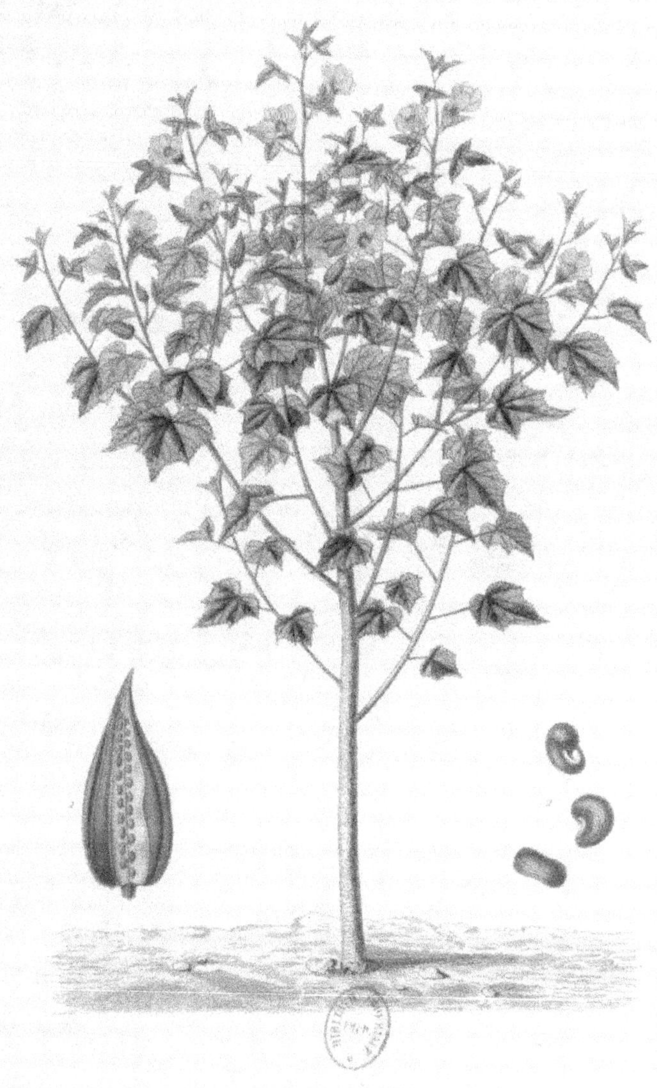

ABELMOSCH.

Hibiscus abelmoschus, L.

ACONIT NAPEL

Aconitum napellus (Linné) *A. vulgare* (De Candolle)

(RENONCULACÉES-HELLÉBORÉES.)

La plante entière, $^1/_5$ de grandeur naturelle.

1. — Fleur isolée, $^2/_5$ de grandeur naturelle.

2. — Fruit, grandeur naturelle.

3. — Graine, grandeur naturelle.

4. — Racine, réduite.

(Voir page 14.)

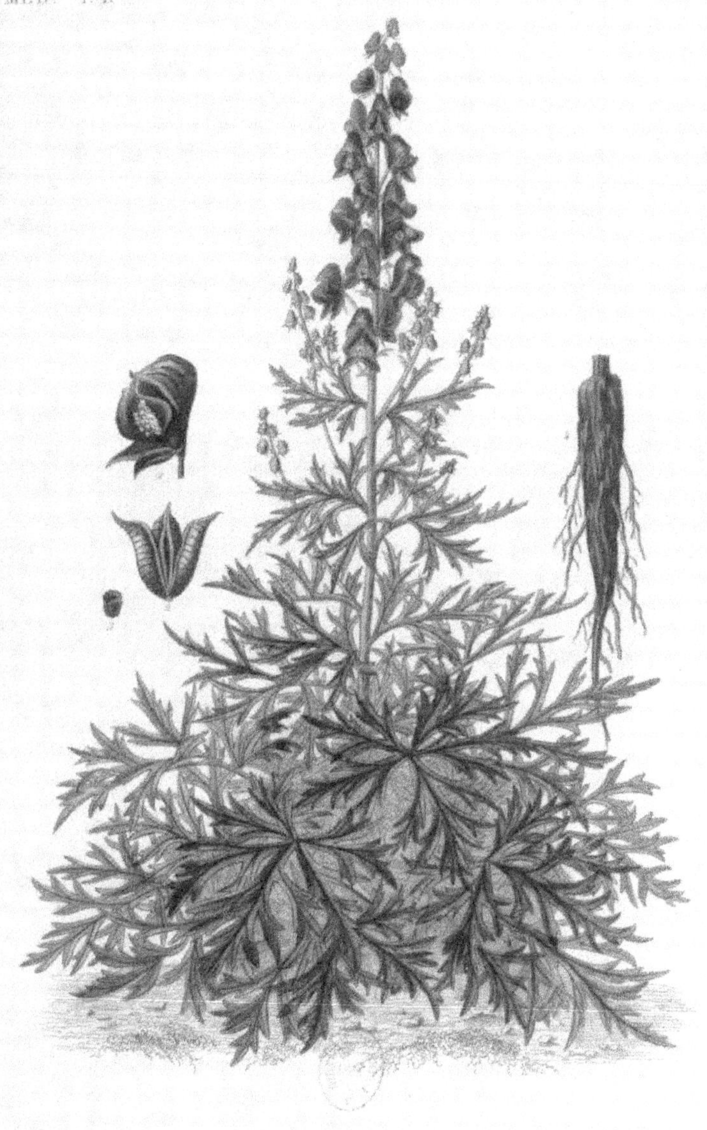

ACONIT NAPEL.
Aconitum napellus.

ACTÉE

Actæa spicata (Linné) *A. nigra* (Flore de Wetteravie)

(RENONCULACÉES-PEONIÉES.)

---

1. — Fleur, grandeur naturelle.

2. — Fruit, grandeur naturelle.

3. — Le même, coupé longitudinalement.

4. — Graine, grandeur naturelle.

5. — La même, grossie.

6. — Racine, réduite.

(Voir page 19.)

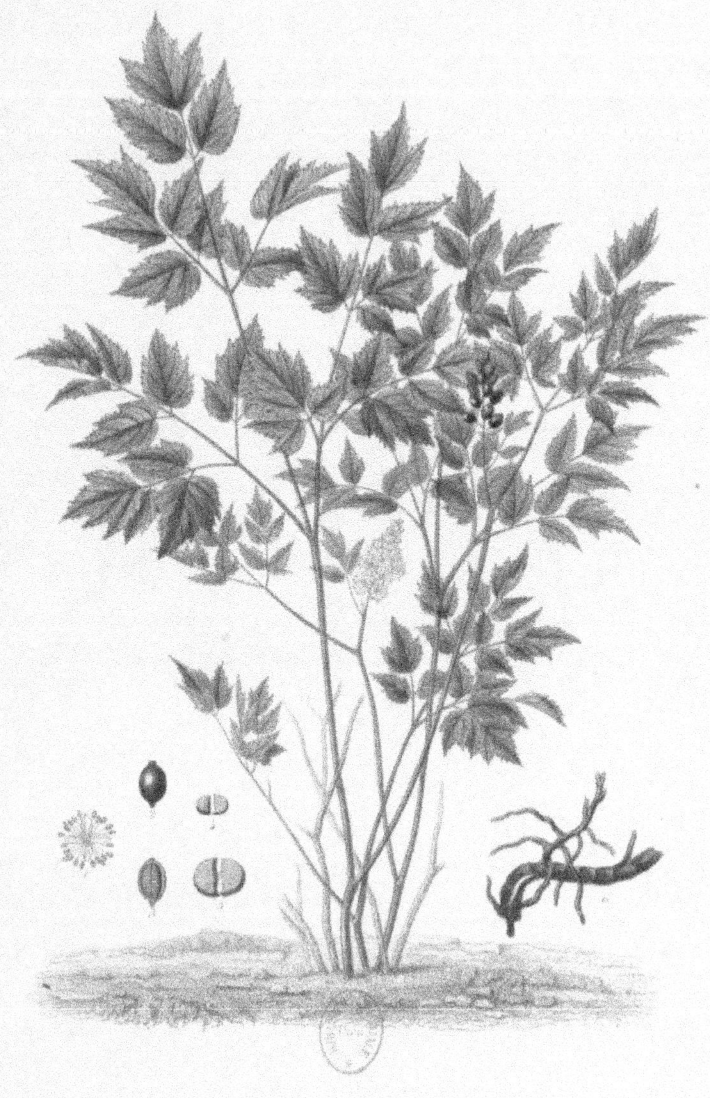

ACTÉE À ÉPI
Actea racemosa, L.

ADONIDE D'AUTOMNE

Adonis autumnalis (Linné) *A. annua* (Lamarck)

(RENONCULACÉES-ANÉMONÉES.)

La plante entière, présentant des fleurs et des fruits à divers degrés
de développement, $^1/_2$ de grandeur naturelle.

(Voir page 21.)

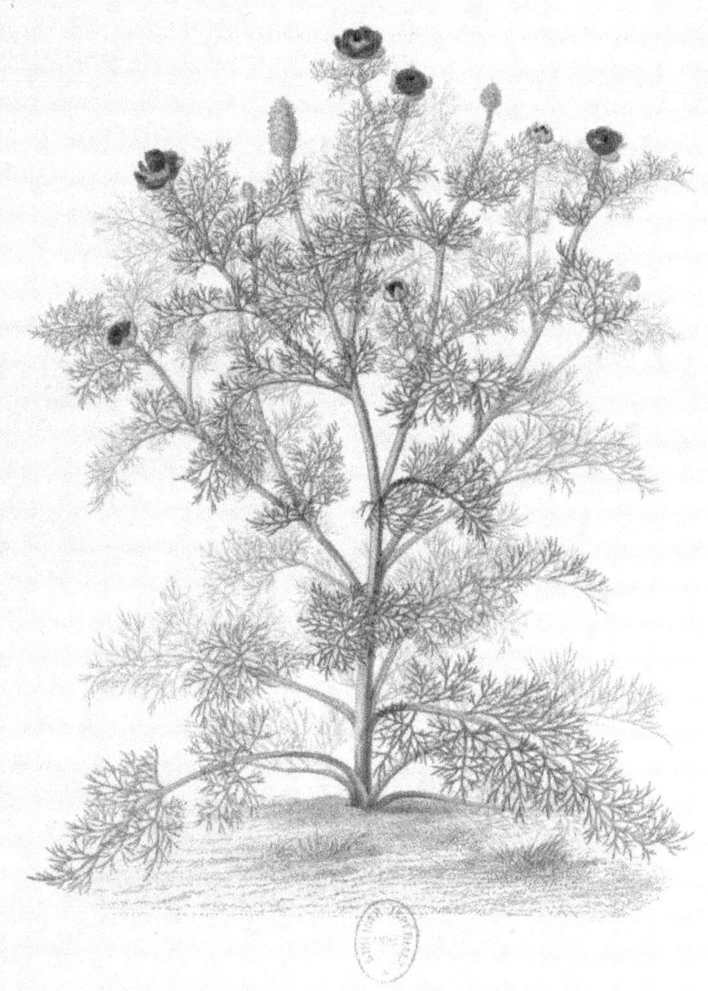

ADONIDE D'AUTOMNE.
Adonis autumnalis. L.

ADONIDE PRINTANIÈRE

Adonis vernalis (Linné) *A. Apennina* (Jacquin)

(RENONCULACÉES–ANÉMONÉES.)

La plante entière, présentant des fleurs à divers degrés de développement; $^1/_2$ de grandeur naturelle.

(Voir page 23.)

ADONIDE PRINTANIÈRE

AGAVE

Agave Americana (Linné)

(NARCISSÉES.)

La plante entière, au $^1/_{55}$ de grandeur naturelle.

1. — Fleur isolée, $^1/_2$ de grandeur naturelle.

2. — Fruit coupé transversalement, $^1/_2$ de grandeur naturelle.

3. — Le même, coupé longitudinalement.

(Voir page 29.)

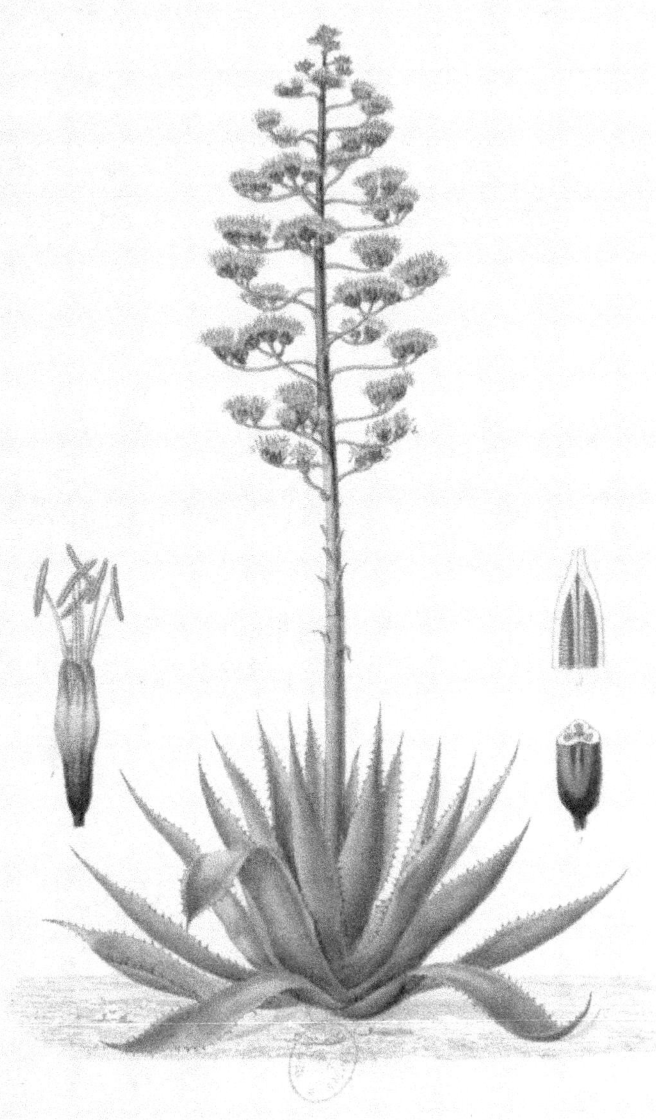

AGAVE.

Agave americana. L.

ALKÉKENGE

Physalis Alkekengi (Linné)

(SOLANÉES.)

La plante entière, portant des fruits à divers degrés de développement;
au $\frac{1}{3}$ de grandeur naturelle.

1. — Fleur, grandeur naturelle.

2. — Fruit dépouillé de son calice, grandeur naturelle.

3. — Graines, grandeur naturelle.

(Voir page 53.)

ALKÉKENGE.

Physalis alkekengi. L.

ALLIAIRE

Sisymbrium Alliaria (Scop.) *Erysimum Alliaria* (Linné)
Alliaria officinalis (De Candolle)

(CRUCIFÈRES-SISYMBRIÉES.)

―――――――

La plante entière, montrant des fleurs et des fruits à divers degrés de
développement, au $\frac{1}{3}$ de grandeur naturelle.

(Voir page 55.)

ALLIAIRE OFFICINALE.
Alliaria officinalis. — Andrz.

ALOÉS SUCCOTRIN

Aloë spicata (Linné) *A. Socotorina* (Auctores)

(LILIACÉES-ALOÏNÉES)

La plante entière, en fleurs, au $\frac{1}{4}$ de grandeur naturelle.

1. — Fleur isolée, de grandeur naturelle.

2. — La même, ouverte et étalée pour montrer les organes sexuels.

(Voir page 57.)

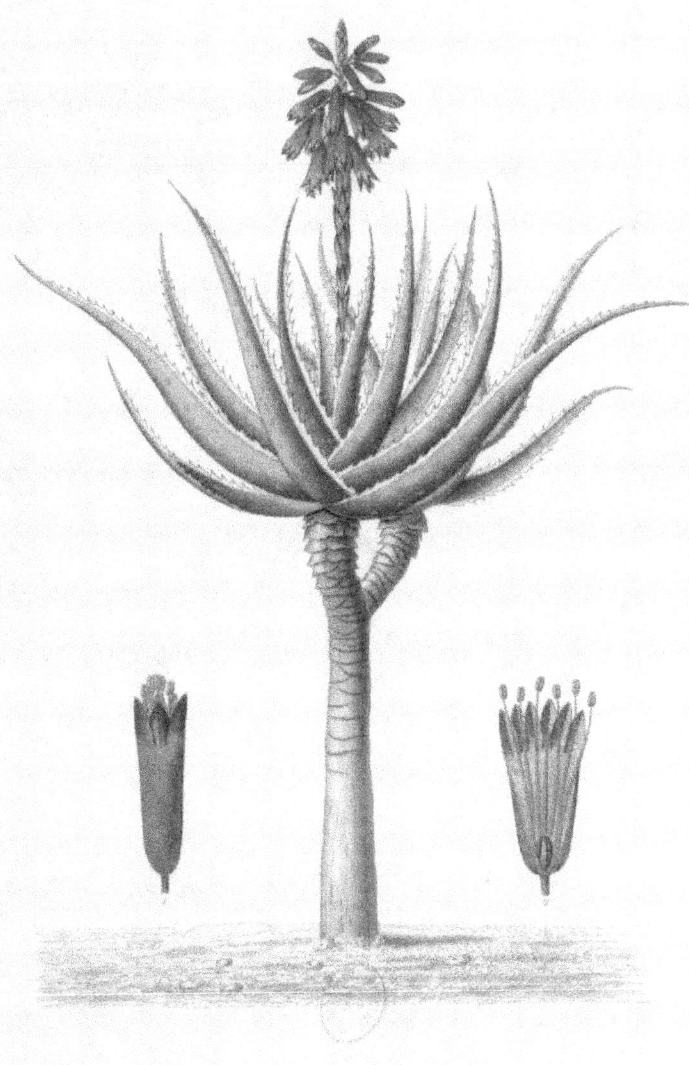

ALOÈS SUCCOTRIN.
Aloe socotrina. Lk.

AMANITES

Amanita (Persoon) *Agaricus* (Linné)

(CHAMPIGNONS-AGARICINÉES.)

1. — Amanite Oronge, Oronge vraie.

Amanita aurantiaca (Persoon) *Agaricus aurantiacus* (Linné)

Le champignon entier, à ses divers états, $^1/_2$ de grandeur naturelle. — A gauche, le champignon naissant, complétement enveloppé dans sa *volva*. — A droite, le champignon commençant à se débarrasser de sa *volva*. — Au milieu, le champignon complétement développé.

2. — Amanite fausse Oronge.

Amanita muscaria (Persoon) *Agaricus muscarius* (Linné)

$^1/_2$ de grandeur naturelle. — A gauche, le champignon commençant à sortir de sa *volva*. — A droite, le champignon complétement développé.

(Voir page 82.)

AMANITES.

ANACARDE

Anacardium Occidentale (Linné) *Cassuvium pomiferum*
(Lamarck)

(TÉRÉBINTHACÉES-ANACARDIÉES.)

L'arbre entier, au $\frac{1}{20}$ de grandeur naturelle.

1. — Fleur, grandeur naturelle.

2. — Pédoncule charnu et fruit, réduits.

3. — Les mêmes, coupés longitudinalement.

4. — Fruit isolé, coupé transversalement.

(Voir page 70.)

ANACARDE.
Anacardium occidentale. L.

ANCOLIE

Aquilegia vulgaris (Linné)

(RENONCULACÉES-HELLÉBORÉES.)

———

La plante entière, $^1/_2$ de grandeur naturelle.

1. — Fleur isolée et coupée longitudinalement, de grandeur naturelle.

2. — Fruit, de grandeur naturelle.

3. — Graines, de grandeur naturelle.

4. — Une graine, grossie.

(Voir page 78.)

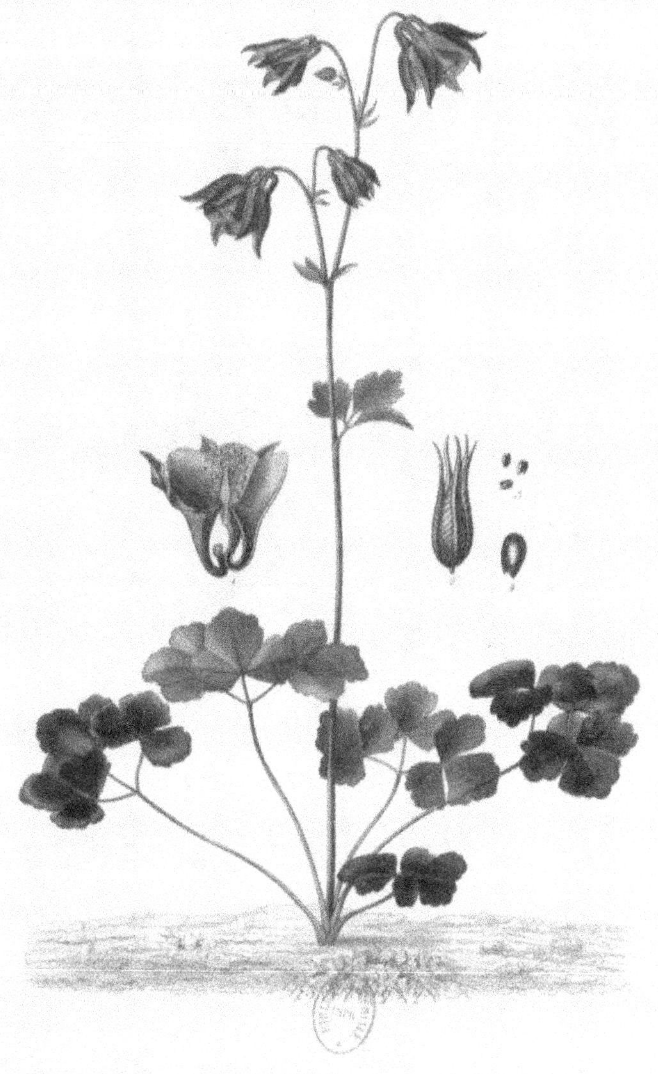

ANCOLIE VULGAIRE.
Aquilegia vulgaris L.

ANÉMONE DES JARDINS

Anemone coronaria (Linné)

(RENONCULACÉES-ANÉMONÉES.)

La plante entière, montrant des fleurs à divers degrés de développement, aux $^2/_3$ de grandeur naturelle.

(Voir page 82.)

ANEMONE DES JARDINS.

Anemone Coronaria, L.

ANGUSTURE

Cusparia febrifuga (Humboldt) ; *Bonplandia
trifoliata* (Willdenow)

(RUTACÉES DIOSMÉES.)

L'arbre entier, au $\frac{1}{50}$ de grandeur naturelle.

1. — Fleur fermée et ouverte, de grandeur naturelle.

2. — Fragment d'écorce.

(Voir page 88.)

ANGUSTURE.

Cusparia febrifuga, Humb.

A. ARABETTE

Arabis Thaliana (Linné) ; *Sisymbrium Thalianum* (Gay)

(CRUCIFÈRES-ARABIDÉES.)

———

La plante entière en fleurs et en fruits, de grandeur naturelle.

(Voir page 93.)

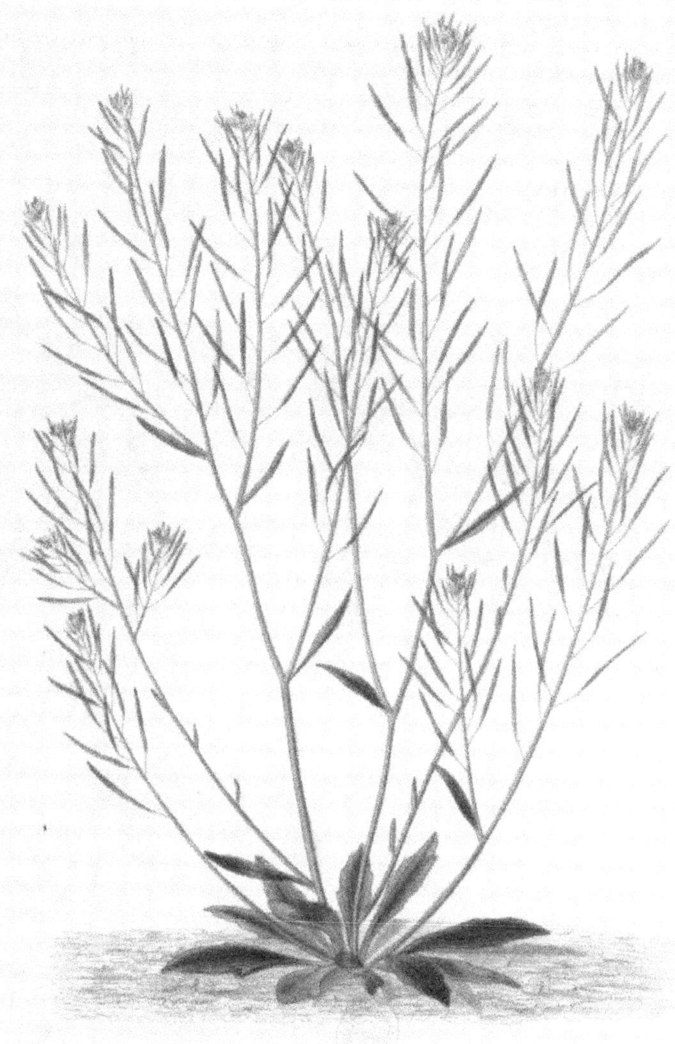

ARABETTE RAMEUSE.

Arabis Thaliana L.

AREC A CACHOU

Areca catechu (Linné)

(PALMIERS–ARÉCINÉES.)

L'arbre au $\frac{1}{30}$ de grandeur naturelle.

1. — Fleur mâle (au-dessus) et femelle (au-dessous), de grandeur
naturelle.

2. — Fruit entier, réduit.

3. — Coupe longitudinale du fruit, montrant la graine entière,
réduite.

4. — Coupe longitudinale de la graine, réduite.

(Voir page 98.)

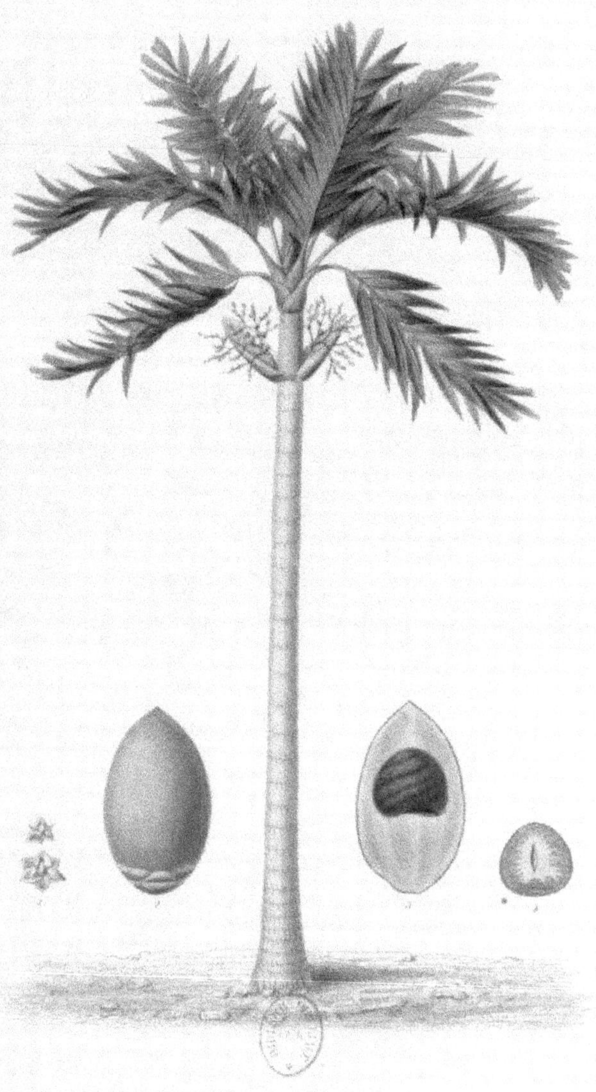

AREC À CACHOU.
Areca catechu. L.

ARGÉMONE

Argemone Mexicana (Linné)

(PAPAVÉRACÉES.)

La plante entière, montrant des fleurs à divers degrés de développement, au ¹/₃ de grandeur naturelle.

(Voir page 100.)

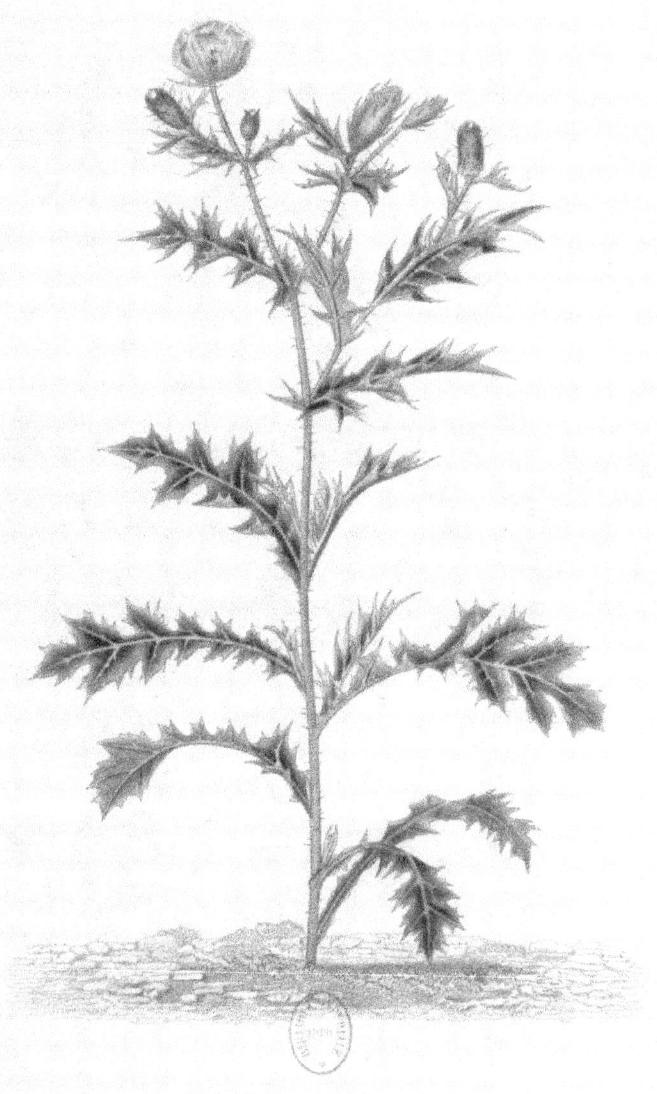

ARGEMONE DE MEXIQUE.
Argemone Mexicana L.

ARUM MACULÉ

Arum maculatum (Linné) ; *A. vulgare* (Lamarck)

(AROÏDÉES-COLOCASIÉES.)

La plante entière, $\frac{1}{2}$ de grandeur naturelle. — Spathes, à divers degrés de développement ; celle du milieu, laissant voir le sommet du spadice.

(Voir page 113.)

ARUM MACULÉ
Arum maculatum

ASPHODÈLE RAMEUSE

Asphodelus ramosus (Linné)

(LILIACÉES-ALOINÉES.)

———————

La plante entière, fleurie, au $\frac{1}{5}$ de grandeur naturelle.

1. — Étamines et pistil, de grandeur naturelle.

2. — Fruit avant sa déhiscence, de grandeur naturelle.

3. — Fruit après sa déhiscence, de grandeur naturelle.

4. — Graine détachée, de grandeur naturelle.

(Voir page 124.)

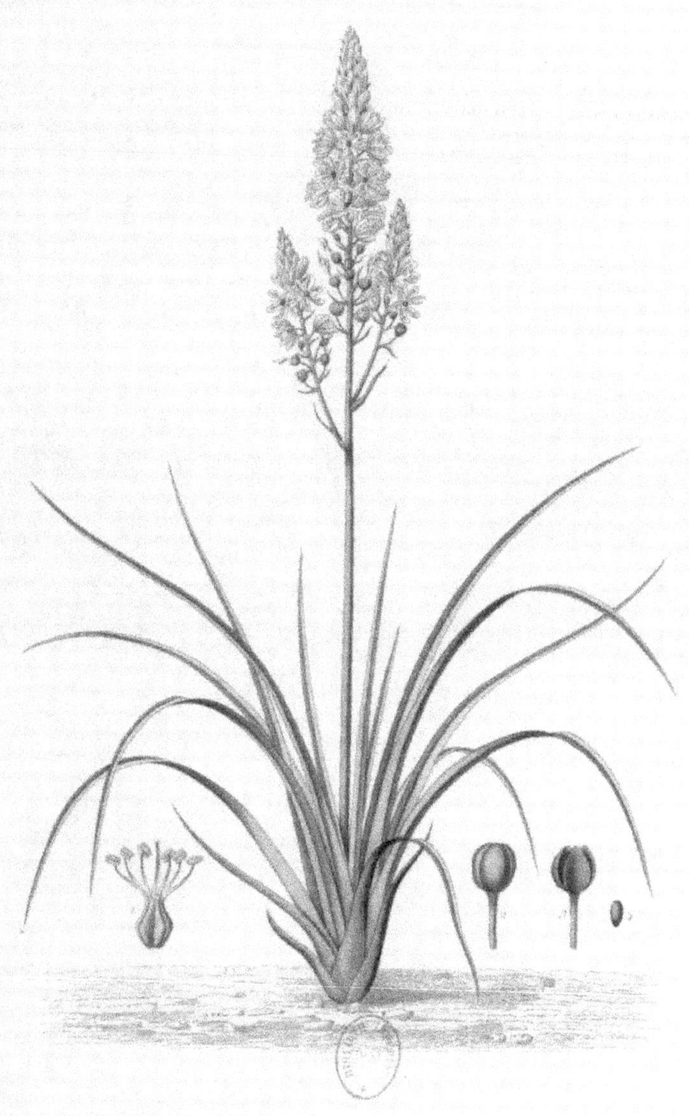

ASPHODÉLE RAMEUSE.

Asphodelus ramosus.

BANANIER

Musa sapientium Linné.

(MUSACÉES.)

Le végétal entier, au $\frac{1}{20}$ de grandeur naturelle.

1. — Fleur, de grandeur naturelle.

2. — Jeune fruit, coupé transversalement, réduit.

(Voir page 152.)

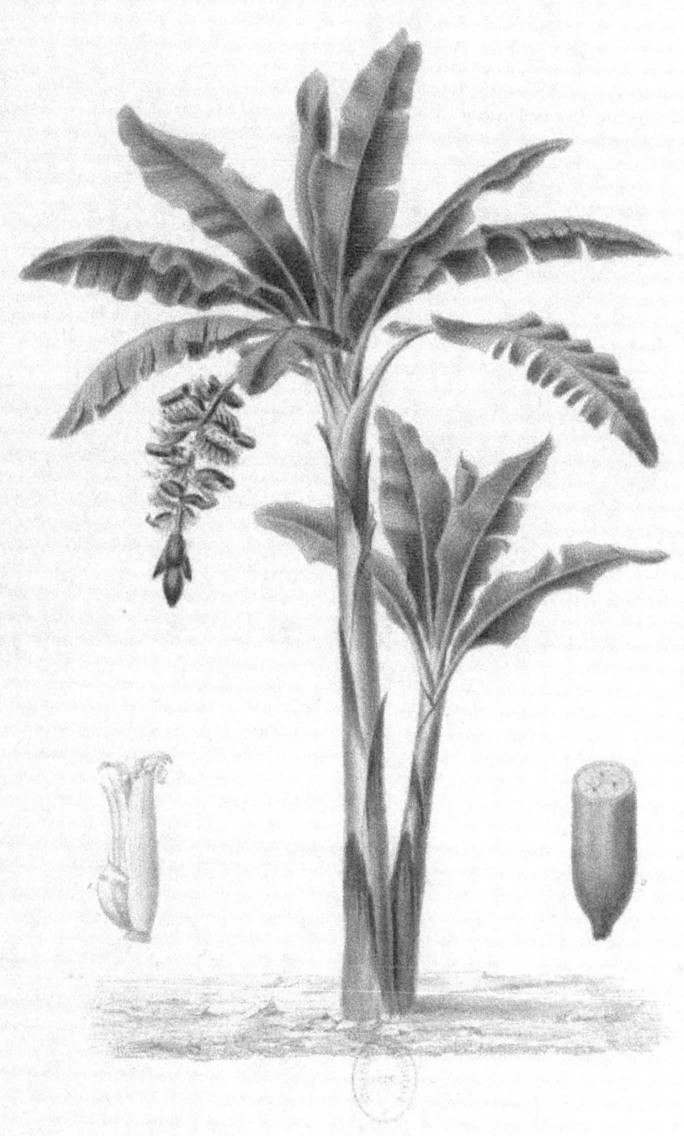

BANANIER.

Musa sapientum L.

BELLADONE

Atropa belladona Linné.

(SOLANÉES.)

La plante entière, au $\frac{1}{6}$ de grandeur naturelle.

1. — Fleur, à $\frac{1}{2}$ de grandeur naturelle.

2. — Fruit mûr, à $\frac{1}{2}$ de grandeur naturelle.

3. — Racine, réduite.

(Voir page 163.)

BELLADONE.

Atropa belladona. L.

BISTORTE

Polygonum bistorta Linné.

(POLYGONÉES.)

———————

La plante entière, au ¹/₅ de grandeur naturelle.

1. — Racine, réduite.

2. — Fleur isolée, grossie.

(Voir page 182.)

BISTORTE.

Polygonum bistorta. L.

BOLET

Boletus edulis De Candolle. *B. perniciosus* Roques.

(CHAMPIGNONS–AGARICINÉES.)

---

1. — Bolet comestible (*Boletus edulis* De Candolle), deux variétés ; $\frac{1}{2}$ de grandeur naturelle.

1 B. — Le même, coupé longitudinalement, pour montrer les tubes et la couleur de la chair.

2. — Bolet pernicieux (*B. perniciosus* Roques), à $\frac{1}{2}$ de grandeur naturelle, entier et coupé longitudinalement pour montrer les tubes et les changements de couleur de la chair.

(Voir page 185.)

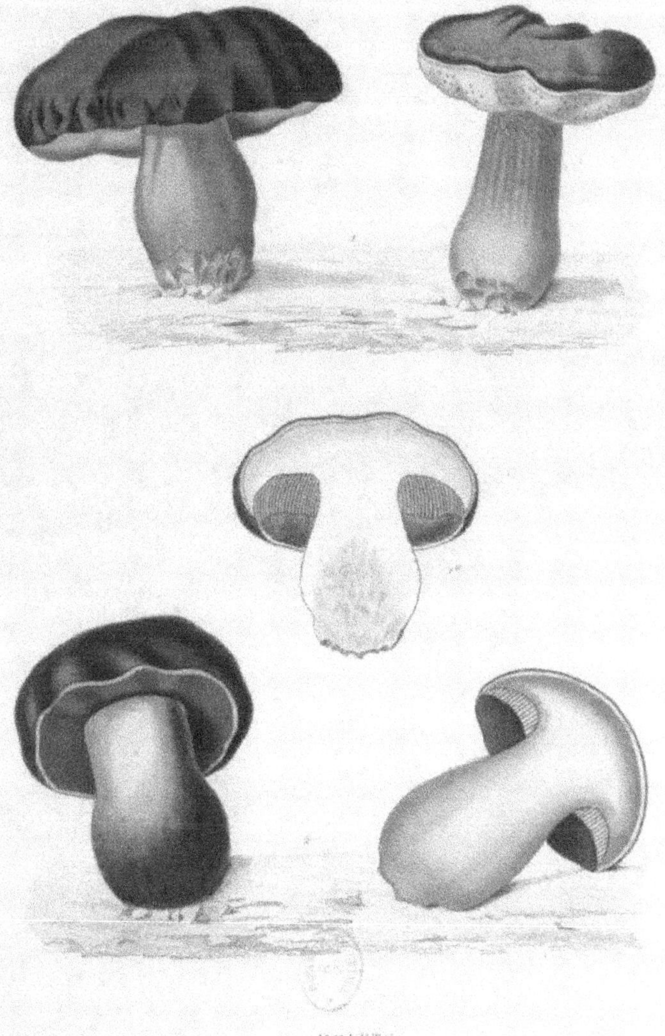

BOLETS.

Boletus edulis D. C. — B. perniciosus Roq.

CAFÉIER

Coffea Arabica Linné.

(RUBIACÉES-COFFÉACÉES.)

———

L'arbre entier, au $\frac{1}{20}$ de grandeur naturelle.

1. — Fleur isolée, de grandeur naturelle.

2. — Fruit mûr, de grandeur naturelle.

3. — Le même, dont la partie supérieure a été enlevée pour laisser voir la graine.

4 et 5. — Graine, vue des deux faces, de grandeur naturelle.

6. — La même, coupée transversalement.

7 et 8. — Graines de café Martinique.

9 à 11. — Graines de café Moka.

(Voir page 213.)

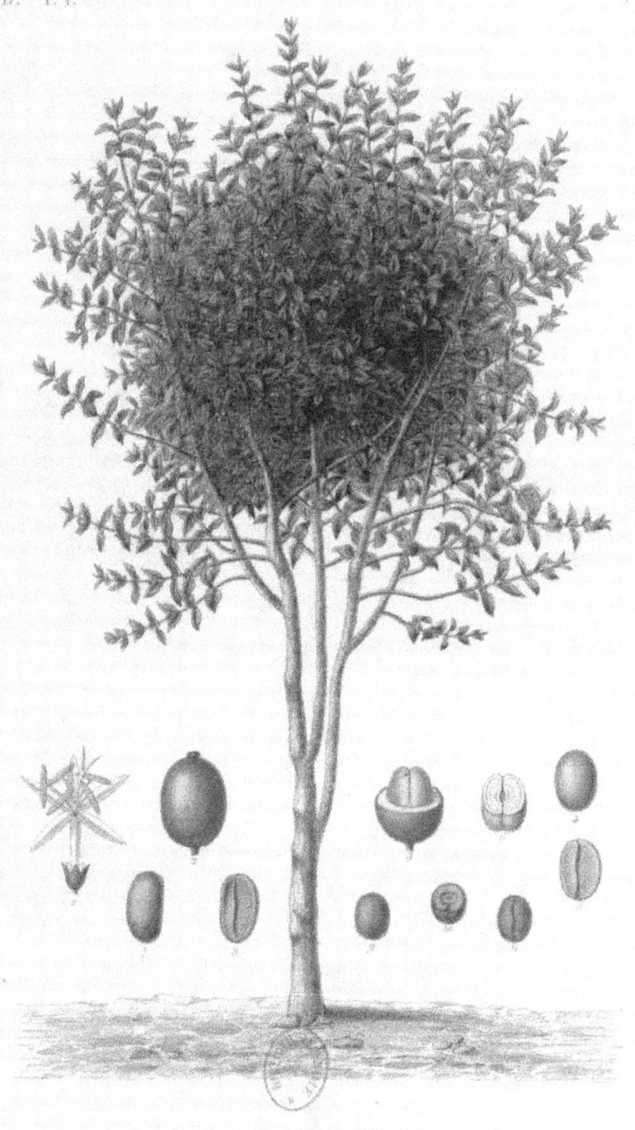

CAFÉYER.

Coffea arabica L.

CAMOMILLE ROMAINE

Anthemis nobilis Linné.

(COMPOSÉES-SÉNÉCIONIDÉES)

La plante entière, de grandeur naturelle, avec deux capitules à divers degrés de développement.

1. — Rameau de la variété dite à *fleurs doubles*, de grandeur naturelle.

(Voir page 231.)

CAMOMILLE ROMAINE.
Anthemis nobilis L.

CANNE A SUCRE

Saccharum officinarum Linné. *Arundo saccharifera*
C. Bauhin.

(GRAMINÉES-PANICÉES.)

La plante entière, a divers degrés de développement, au $\frac{1}{24}$ de grandeur naturelle.

1. — Portion d'épillet, de grandeur naturelle.

2. — Fleur détachée, grossie.

(Voir page 242.)

CANNE À SUCRE.

Saccharum officinarum, L.

CAPILLAIRE DU CANADA

Adiantum pedatum Linné.

(FOUGÈRES-POLYPODIÉES.)

———

La plante entière, au $\frac{1}{8}$ de grandeur naturelle.

(On n'a conservé qu'un seul rameau, pour éviter la confusion.)

1. — Portion de fronde, de grandeur naturelle.

2. — Un segment, grossi trois fois.

3. — Spores ou corps reproducteurs, grossis.

(Voir page 252.)

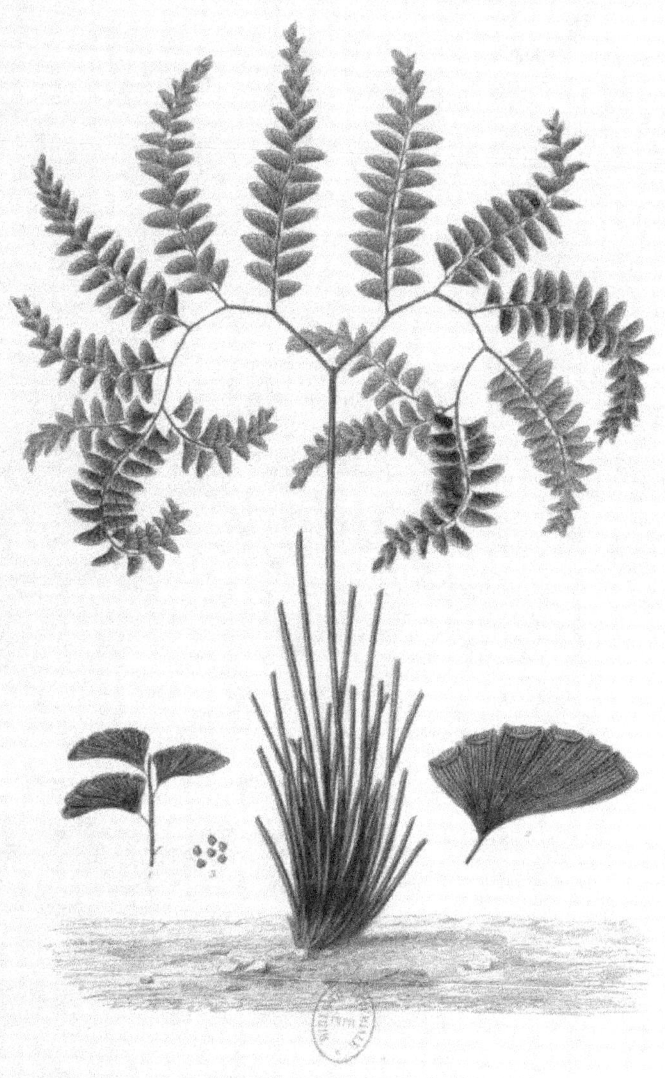

CAPILLAIRE DU CANADA.

Adiantum pedatum, L.

CARDAMINE DES PRÈS

Cardamine pratensis (Linné)

(CRUCIFÈRES-ARABIDÉES.)

La plante entière, aux $\frac{3}{4}$ de grandeur naturelle, avec des fleurs et des fruits à divers degrés de développement.

(Voir page 264.)

CARDAMINE DES PRÉS.
Cardamine pratensis L.

CASSE PURGATIVE

Cassia fistula (Linné) *Cathartocarpus fistula* (Lamarck)

(LÉGUMINEUSES-CÉSALPINIÉES.)

———

L'arbre entier, au $^1/_{48}$ de grandeur naturelle.

1. — Fleur isolée, $^1/_2$ de grandeur naturelle.

2. — Gousse entière, au $^1/_6$ de grandeur naturelle,

3. — Portion de gousse, $^1/_2$ de grandeur naturelle, et ouverte sur une
partie de sa longueur, pour laisser voir les cloisons et l'in-
sertion des graines.

4. — Graine isolée, de grandeur naturelle.

(Voir page 284.)

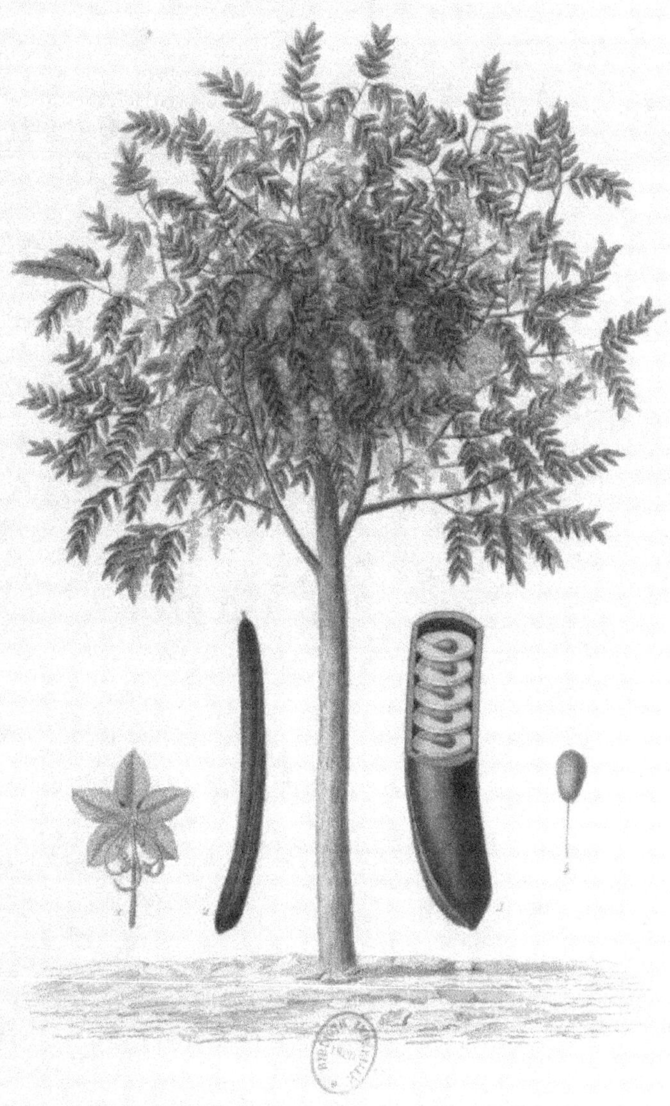

CASSE PURGATIVE.

Cassia fistula. L.

CHÉLIDOINE

Chelidonium majus (Linné)

(PAPAVÉRACÉES.)

La plante entière, $\frac{1}{2}$ de grandeur naturelle, montrant des fleurs à divers degrés de développement, ainsi que de jeunes fruits.

(Voir page 323.)

CHELIDOINE COMMUNE.

Chelidonium majus L.

CIMICAIRE FÉTIDE

Cimicifuga fœtida (Linné) *Actœa cimicifuga* (Linné)

(RENONCULACÉES-PÉONIÉES.)

La plante entière, au $^3/_4$ de grandeur naturelle.

1. — Fleurs, de grandeur naturelle.

2. — Fleur isolée, grossie.

3. — Fruit, de grandeur naturelle.

4. — Graine, de grandeur naturelle.

5. — La même, grossie.

(Voir page 346.)

CIMICAIRE FÉTIDE.
Cimicifuga fœtida.

CISTE DE CRÉTE

Cistus Creticus (Linné)

(CISTINÉES.)

L'arbrisseau entier, au $^1/_8$ de grandeur naturelle.

1. — Fleur, $^1/_2$ de grandeur naturelle.

2. — Fruit, de grandeur naturelle.

3. — Graine, de grandeur naturelle.

4. — La même, grossie.

(Voir page 348.)

CISTE DE CRÈTE

Cistus creticus L.

CLÉMATITE DES HAIES

Clematis vitalba (Linné)

(RENONCULACÉES-CLÉMATIDÉES.)

La plante entière, au $\frac{1}{10}$ de grandeur naturelle, avec des fleurs et des fruits à divers degrés de développement.

(Voir page 353.)

CLÉMATITE DES HAIES
Clematis vitalba.

COCHLEARIA

Cochlearia officinalis (Linné)

(CRUCIFÈRES—ALYSSINÉES.)

La plante entière, de grandeur naturelle, montrant des fleurs et
des fruits à divers degrés de développement.

(Voir page 360.)

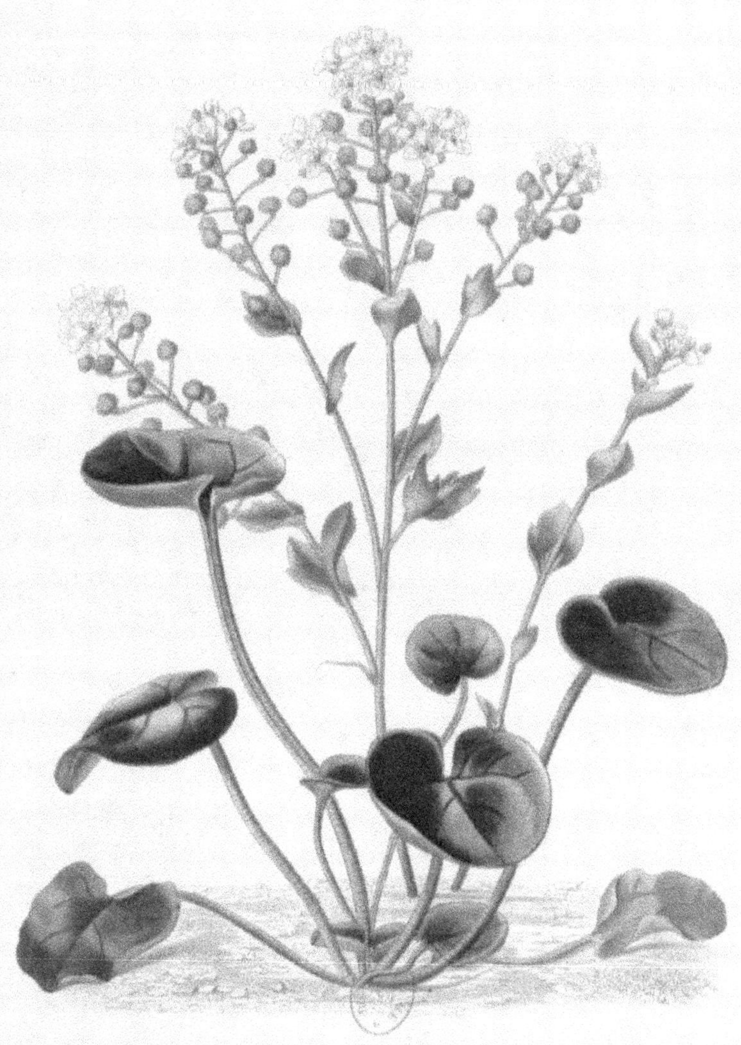

COCHLEARIA.
Cochlearia officinalis. L.

COLOMBO

Cocculus palmatus (De Candolle)

(MÉNISPERMÉES.)

———

La plante entière, au $\frac{1}{30}$ de grandeur naturelle.

1. — Fleur isolée, grossie quatre fois.

2. — Fruit, de grandeur naturelle.

3. — Le même, coupé transversalement.

4. — Graine, de grandeur naturelle.

5. — Racine sèche, coupée transversalement, réduite.

Voir page 371.)

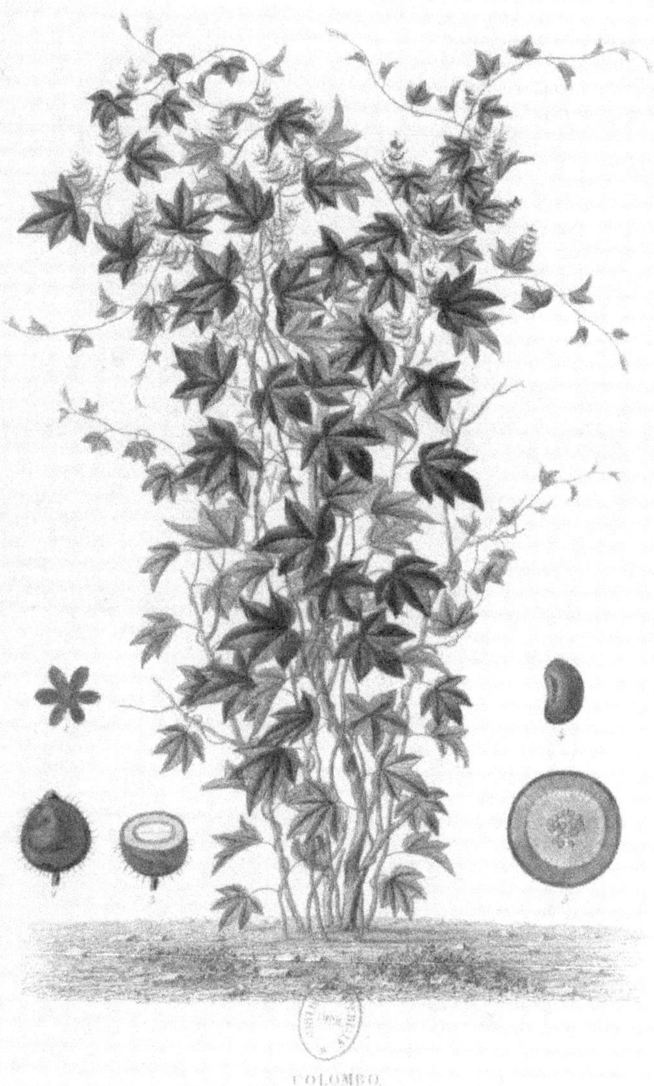

COLOMBO

Cocculus palmatus, D. C.

COPAHU

Copaïfera officinalis (Jacquin)

(LÉGUMINEUSES-CÉSALPINIÉES.)

L'arbre entier, au $^1/_{60}$ de grandeur naturelle.

1. — Fleur, de grandeur naturelle.

2. — Fleur isolée, grossie.

3. — Fruit mûr, aux $^2/_3$ de grandeur naturelle.

4. — Graine, aux $^2/_3$ de grandeur naturelle.

(Voir page 385.)

COPAHU.

Copaifera officinalis, Jacq.

COQUE DU LEVANT

Anamirta cocculus (Colebrook)

(MÉNISPERMÉES.)

———

La plante entière, avec des fleurs et des fruits à divers degrés de développement, au $\frac{1}{20}$ de grandeur naturelle.

(Voir page 388.)

COQUE DU LEVANT,
Menispermum Cocculus. L.

COROSSOL

Anona muricata (Linné) *A. Sylvestris* (Burmann)

(ANONACÉES.)

L'arbre entier, au $^1/_{30}$ de grandeur naturelle, montrant des fleurs et des fruits à divers degrés de développement.

(Voir page 397.)

COROSSOL À FRUIT HÉRISSÉ.
Anona muricata.

CORYDALIS

Corydalis bulbosa (De Candolle) *Fumaria bulbosa* (Linné)

(FUMARIACÉES.)

———

La plante entière, fleurie, de grandeur naturelle.

(Voir page 400.)

CORYDALE BULBEUSE.
Corydalis bulbosa D. C.

CRAMBE

Crambe maritima (Linné)

(CRUCIFÈRES-RAPHANÉES.)

La plante entière, au $\frac{1}{5}$ de grandeur naturelle, montrant des fleurs et des fruits à divers degrés de développement.

(Voir page 418.)

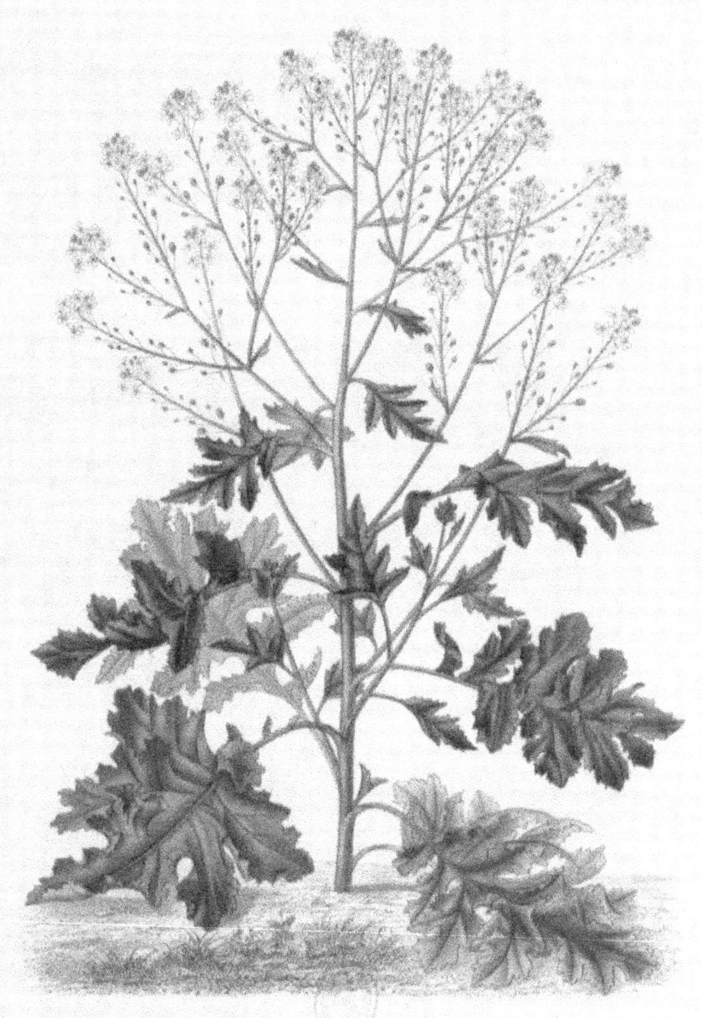

CHAMBÉ.

CRESSON

Nasturtium officinale (Robert Brown) *Sisymbrium nasturtium* (Linné)

(CRUCIFÈRES—ARABIDÉES.)

La plante entière, moitié de grandeur naturelle, montrant des fleurs et des fruits à divers degrés de développement, ainsi que des faisceaux de racines adventives.

(Voir page 417.)

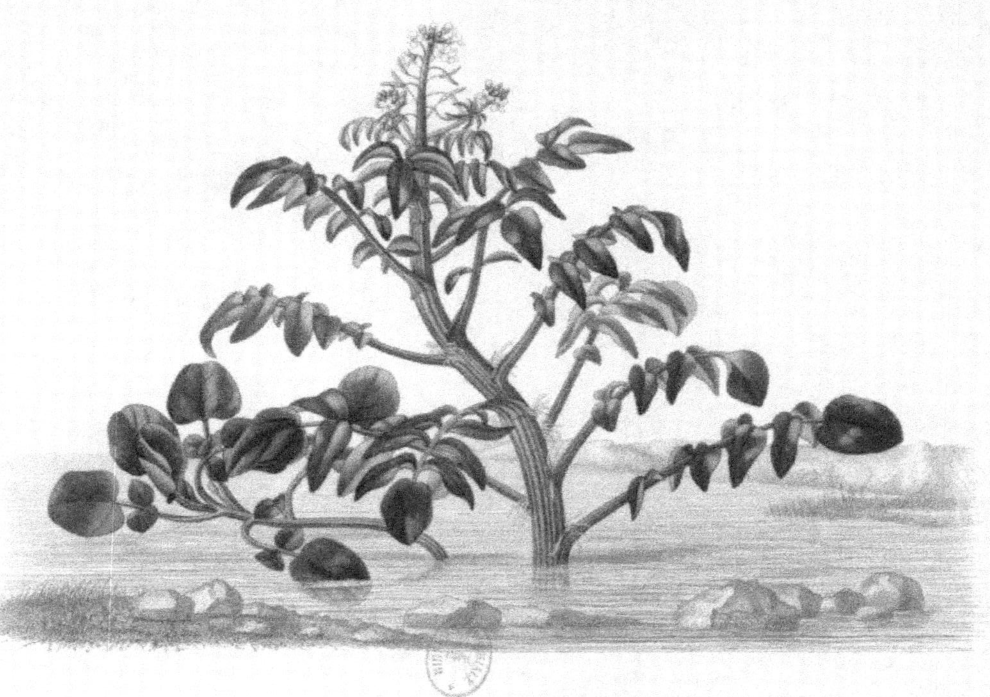

CRESSON DE FONTAINE.
Nasturtium officinale R.Br.

CURCUMA

Curcuma longa (Linné)

(AMOMÉES.)

La plante entière, en fleurs, au $^1/_4$ de grandeur naturelle.

1. — Rhizome (vulgairement racine) de l'espèce dite *Curcuma long*, au $^1/_4$ de grandeur naturelle.

2. — Rhizome de *Curcuma rond*, au $^1/_4$ de grandeur naturelle.

(Voir page 428.)

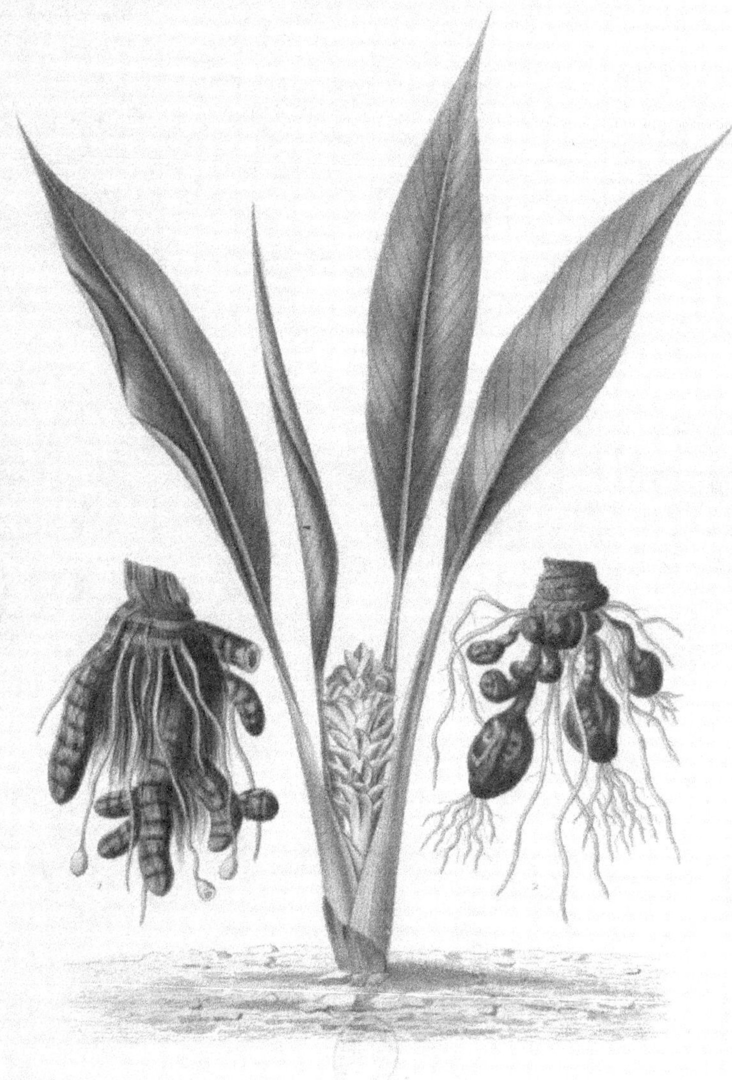

CURCUMA.

Curcuma longa. L.

Maubert pinx.   Guill. Leroux, édit. à Paris.   Lepère sculp.

CYCAS

Cycas revoluta (Linné)

(CYCADÉES.)

L'arbre entier, au $\frac{1}{30}$ de grandeur naturelle.

1. — Chaton mâle, réduit.

2 et 3. — Écailles réduites, vues sur leurs deux faces.

4. — Fruits, à divers degrés de développement, réduits.

5. — Un fruit entr'ouvert, pour montrer la graine.

6. — Le fruit et la graine, coupés longitudinalement.

(Voir page 434.)

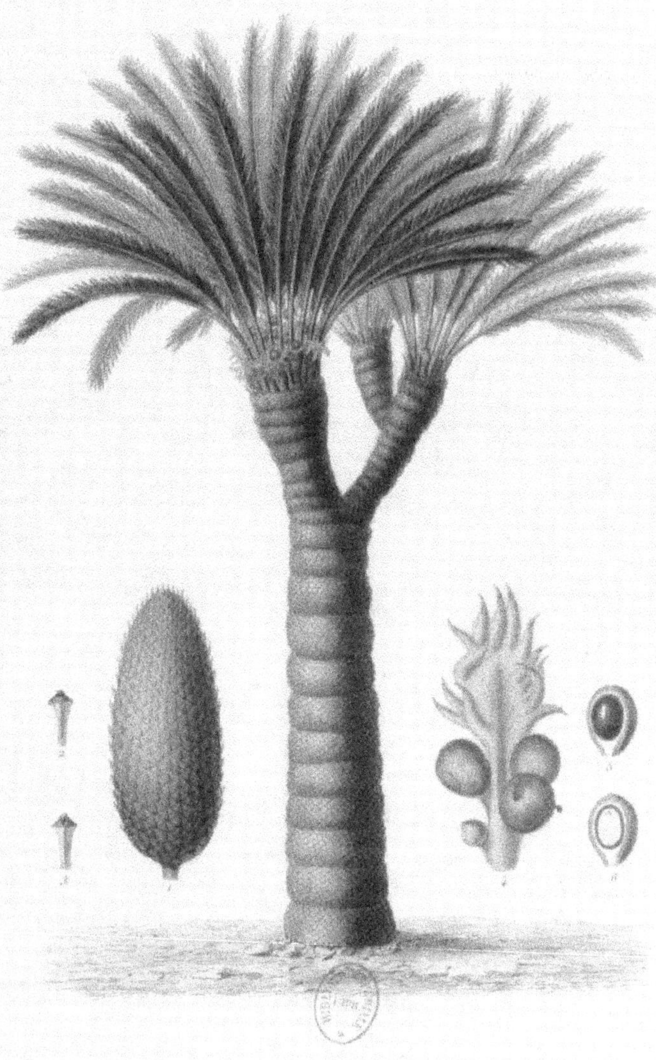

CYCAS.

Cycas revoluta, L.

DAPHNÉ BOIS-GENTIL

Daphne mezereum (Linné)

(THYMÉLÉES.)

——————

L'arbuste entier en fleurs et avant l'apparition des feuilles, au ⅕ de grandeur naturelle.

1. — Portion de rameau à fleurs, de grandeur naturelle.

2. — Fruits et feuilles, de grandeur naturelle.

3. — Fruit coupé transversalement, de grandeur naturelle.

4. — Graine isolée, de grandeur naturelle.

Voir page 448.)

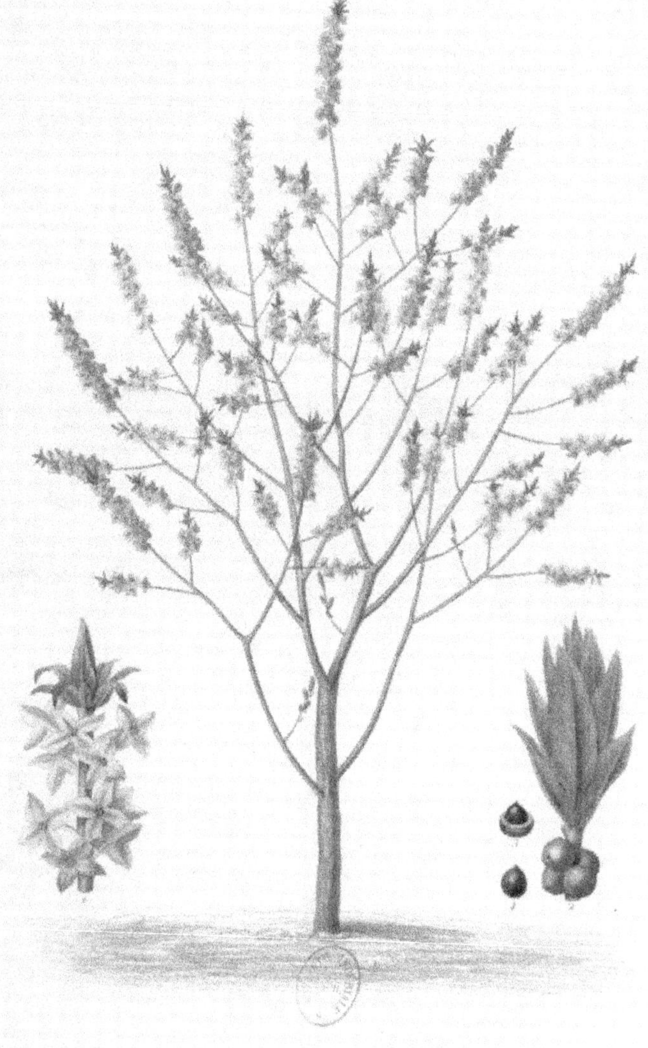

DAPHNÉ BOIS-GENTIL.

Daphne mezereum. L.

DICTAME BLANC

Dictamnus albus (Linné)

(DIOSMÉES.)

La plante entière en fleurs, au $^1/_4$ de grandeur naturelle.

1. — Fleur isolée, $^1/_2$ de grandeur naturelle.

2. — Fruit, de grandeur naturelle.

3. — Graines, de grandeur naturelle.

4. — Portion de racine sèche, réduite.

(Voir page 455.)

DICTAME BLANC.

DIGITALE POURPRÉE

Digitalis purpurea (Linné)

(PERSONÉES-DIGITALÉES.)

La plante entière, en fleurs, au $^1/_4$ de grandeur naturelle.

1. — Fruit mûr entouré de son calice, de grandeur naturelle.

2. — Graines, grossies.

(Voir page 457.)

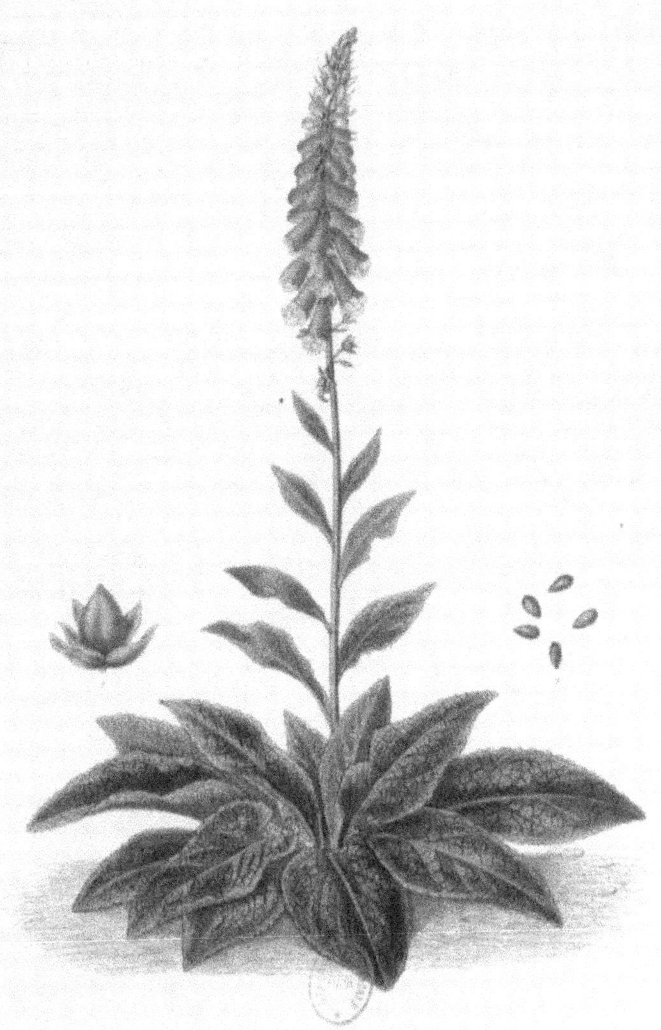

DIGITALE POURPRÉE.

Digitalis purpurea L.

DILLÉNIE

Dillenia speciosa (Thunberg) *D. Indica* (Linné)

(DILLÉNIACÉES.)

L'arbre entier, au $^1/_{24}$ de grandeur naturelle.

1. — Fleur, au $^1/_5$ de grandeur naturelle.

2. — Fruit, au $^1/_4$ de grandeur naturelle.

(Voir page 462.)

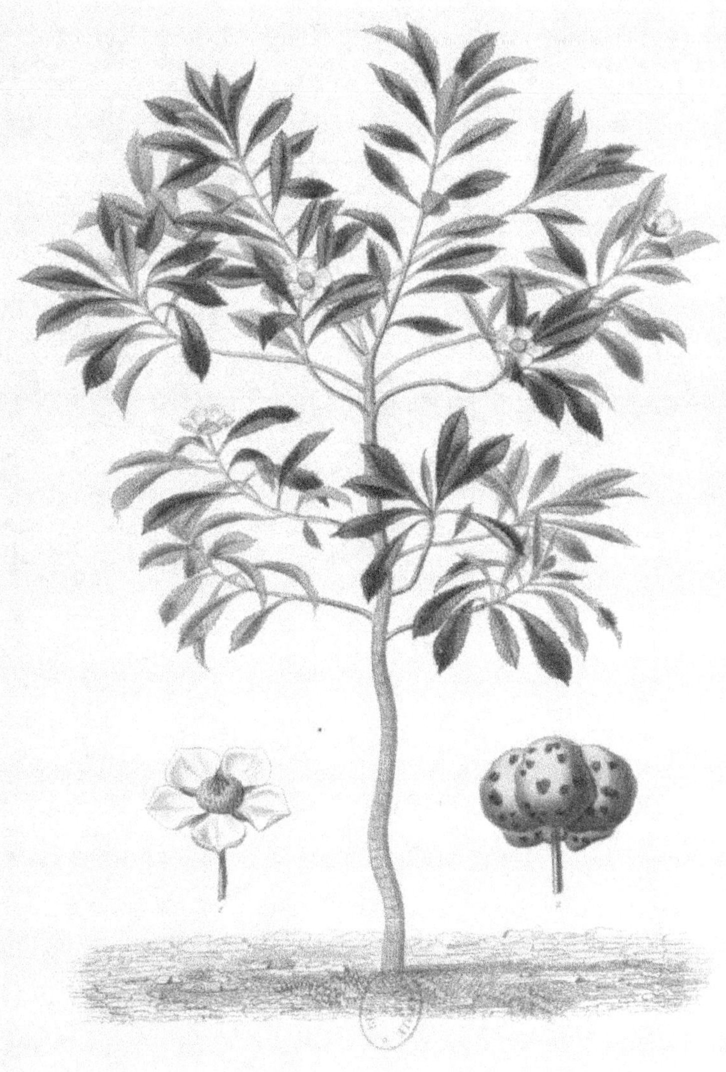

DILLÉNIE ÉLÉGANTE.
Dillenia speciosa, Thunb.

DRIMYS AROMATIQUE

Drimys Winteri (Forster) *Wintera aromatica* (Murray)

(MAGNOLIACÉES-ILLICIÉES.)

L'arbre entier, au $^1/_{96}$ de grandeur naturelle.

1. — Fleur, de grandeur naturelle.

2. — Fruit, de grandeur naturelle.

3. — Graines, de grosseur naturelle.

4. — Anneau d'écorce.

(Voir page 478.)

DRIMYS AROMATIQUE.

DROSÉRE A FEUILLES RONDES

Drosera rotundifolia (Linné)

(DROSÉRACÉES.)

La plante entière, en fleurs, de grandeur naturelle.

1. — Feuille fermée, de grandeur naturelle.

2. — Fleur isolée, grossie.

3. — Fruit mûr, grossi.

4. — Graine, très-grossie.

(Voir page 480.)

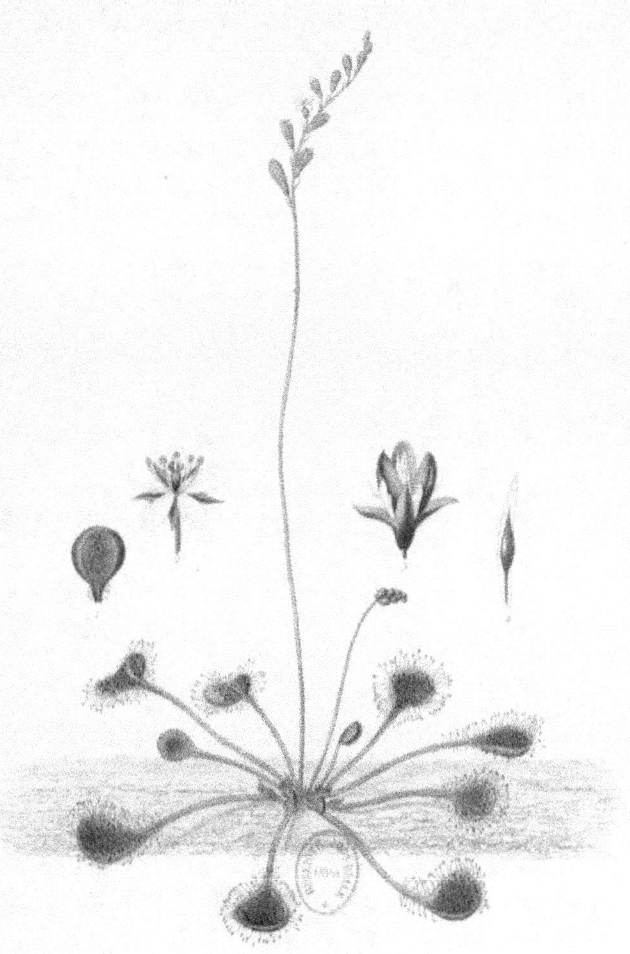

DROSÈRE A FEUILLES RONDES.
Drosera rotundifolia.

TABLE

DES PLANCHES ET FIGURES CONTENUES DANS L'ATLAS PREMIER

DE LA FLORE MÉDICALE

PLANCHES.		Nombre des figures
I. Abelmosch (*Hibiscus abelmoschus*)		5
II. Aconit napel (*Aconitum napellus*)		5
III. Actée (*Actæa spicata*)		7
IV. Adonide d'automne (*Adonis autumnalis*)		1
V. Adonide printanière (*Adonis vernalis*)		1
VI. Agave (*Agave Americana*)		4
VII. Alkékenge (*Physalis alkekengi*)		4
VIII. Alliaire (*Alliaria officinalis*)		1
IX. Aloès succotrin (*Aloë socotorina*)		3
X. Amanites (*Amanita*)		4
XI. Anacarde (*Anacardium occidentale*)		5
XII. Ancolie (*Aquilegia vulgaris*)		5
XIII. Anémone des jardins (*Anemone coronaria*)		1
XIV. Angusture (*Cusparia febrifuga*)		3
XV. Arabette (*Arabis Thaliana*)		1
XVI. Arec a cachou (*Areca catechu*)		5
XVII. Argémone (*Argemone Mexicana*)		1
XVIII. Arum maculé (*Arum maculatum*)		1
XIX. Asphodèle rameuse (*Asphodelus ramosus*)		5
XX. Badiane (*Illicium religiosum*)		5
XXI. Bananier (*Musa sapientum*)		3
XXII. Belladone (*Atropa belladona*)		4
XXIII. Bistorte (*Polygonum bistorta*)		3
XXIV. Bolets (*Boletus edulis, Boletus perniciosus*)		5
XXV. Caféier (*Coffea Arabica*)		12
XXVI. Camomille romaine (*Anthemis nobilis*)		2
XXVII. Canne a sucre (*Saccharum officinarum*)		3
XXVIII. Capillaire du Canada (*Adiantum pedatum*)		4

TABLE DES PLANCHES ET DES FIGURES DE L'ATLAS PREMIER.

PLANCHES. / Nombre des figures.

XXIX. CARDAMINE DES PRÉS (*Cardamine pratensis*).	1
XXX. CASSE PURGATIVE (*Cassia fistula*).	5
XXXI. CHÉLIDOINE (*Chelidonium majus*).	4
XXXII. CIMICAIRE FÉTIDE (*Cimifuga fœtida*).	6
XXXIII. CISTE DE CRÈTE (*Cistus Creticus*).	5
XXXIV. CLÉMATITE DES HAIES (*Clematis vitalba*).	4
XXXV. COCHLEARIA (*Cochlearia officinalis*).	1
XXXVI. COLOMBO (*Cocculus palmatus*).	6
XXXVII. COPAHU (*Copaifera officinalis*).	5
XXXVIII. COQUE DU LEVANT (*Anamirta cocculus*).	1
XXXIX. COROSSOL (*Anona muricata*).	1
XL. CORYDALIS (*Corydalis bulbosa*).	4
XLI. CRAMBÉ (*Crambe maritima*).	4
XLII. CRESSON (*Nasturtium officinale*).	1
XLIII. CURCUMA (*Curcuma longa*).	3
XLIV. CYCAS (*Cycas revoluta*).	7
XLV. DAPHNÉ BOIS-GENTIL (*Daphne mezereum*).	5
XLVI. DICTAME BLANC (*Dictamnus albus*).	5
XLVII. DIGITALE POURPRÉE (*Digitalis purpurea*).	3
XLVIII. DILLÉNIE (*Dillenia speciosa*).	4
XLIX. DRIMYS AROMATIQUE (*Drimys Winteri*).	5
L. DROSÈRE A FEUILLES RONDES (*Drosera rotundifolia*).	5